12.ᵉ Congrès scientifique.

Stuttgart pendant l'automne de 1834,
par M.ʳ le professeur Fée.

12.me CONGRÈS SCIENTIFIQUE.

STUTTGART PENDANT L'AUTOMNE DE 1834,

PAR LE ... R FÉE.

(EXTRAIT DE LA *REVUE GERMANIQUE*, JUILLET 1835.)

STRASBOURG, DE L'IMPRIMERIE DE F. G. LEVRAULT.

STUTTGART

PENDANT L'AUTOMNE DE 1834.

PREMIÈRE LETTRE.

Vous désirez, mon cher ami, que je vous fasse connaître quelques-unes des particularités de mon séjour à Stuttgart pendant l'automne dernier ; il faut vous satisfaire. L'Allemagne vous intéresse, et vous m'enviez de vivre sur les bords du Rhin. Peut-être avez-vous raison en effet d'aimer ce beau pays où l'homme, heureux de son partage, n'a plus rien à demander à la nature qui lui donna, avec une terre fertile, cette supériorité d'intelligence, gage certain de destinées glorieuses et durables.

Je suis parti de Strasbourg le 12 Septembre par le bateau à vapeur. Le cours du fleuve, d'abord embarrassé par une foule d'ilots, qui le divisent et le subdivisent à l'infini, s'étend bientôt en liberté et reprend ce caractère de puissance et de majesté, noble attribut des grands cours d'eau. Ses rives sont couvertes de villes, de villages et de campagnes délicieuses, entourées de plantations où le feuillage satiné du saule se marie agréablement au feuillage mobile et sans éclat du peuplier. A peine a-t-on atteint la hauteur de Bade, que le paysage change subitement et devient monotone. Les montagnes s'éloignent et la vallée du Rhin s'élargit à perte de vue. Le Fort-Louis et Lauterbourg, situés sur notre extrême frontière, se montrent à gauche, tandis qu'à droite paraît Rastadt, qu'une triste célébrité recommande aux souvenirs du voyageur. Les Vosges et la Forêt-Noire, avec leurs vieux manoirs en ruine, ferment l'horizon et s'étendent au loin sur deux lignes parallèles, comme deux armées en présence.

La rive bavaroise est entourée d'un cordon militaire, destiné à protéger le commerce contre la fraude. Des baïonnettes pour rassurer l'industrie, semblent être un véritable contre-sens.

Hambach n'est pas très-éloigné des bords du Rhin. La plaine où s'élève ce coteau est riche et bien peuplée. C'est à Hambach qu'eut lieu cette fête d'étudians, qui commença par des chants d'alégresse et finit par du sang et des pleurs. Avant d'arriver à Spire, dont la cathédrale lourde et sans architecture fait pourtant de loin un effet majestueux, nous passâmes devant Germersheim, où l'on dépense des millions à bâtir un fort. Quel singulier anachronisme que d'élever une citadelle par le temps qui court? Des places de guerre, eh bon Dieu! qu'en veut-on faire? ce sont des routes, des ports, des canaux, des établissemens publics d'une utilité reconnue qu'il nous faut. Je caresse l'utopie du bon abbé; comme lui, je veux croire à la paix universelle. Si l'homme est indéfiniment perfectible, pourquoi se refuser à penser que l'horreur de verser le sang de ses semblables puisse devenir le caractère distinctif d'une autre époque? Nous nous croyons civilisés, et nous marchons seulement vers la civilisation. Malgré tout ce que nous avons fait pour les sciences et pour les arts, qui oserait décider que nous ne serons pas les Barbares pour des générations plus éclairées et surtout plus humaines? Les temps historiques seront peut-être un jour divisés en deux grandes périodes; l'une guerrière, brillante sans doute, mais ternie par de sanglans exploits; l'autre toute pacifique, consacrée à étendre les limites de l'intelligence humaine et à rendre les hommes plus heureux.

Un groupe considérable d'arbres annonce au loin Schwetzingen, le Versailles du grand-duché; peu après on aborde à Mannheim; c'était là le terme de mon voyage sur le Rhin. Je me fis donc descendre à terre.

Si l'on vous dit d'une ville moderne qu'elle est belle, tenez-la pour connue, même avant de la visiter. Vous y verrez de longues rues tirées au cordeau, de vastes constructions, la plupart sans architecture et sans style; des plantations d'arbres disposées comme un régiment au port d'armes: si les souvenirs qui parlent à l'imagination vous sont chers, fuyez Mannheim et les villes qui lui ressemblent.

Un Américain qui voyageait en Europe ne pouvait, dit-on, se lasser de voir les vieilles rues du Havre, et l'émotion la plus vive le saisit à l'aspect du premier vieux château en ruines qu'il trouva sur sa route. Cet habitant d'une terre où tout est moderne, s'extasiait à la vue de nos débris féodaux : aussi l'eût-on vu traverser Mannheim avec indifférence et la quitter bientôt sans regret; c'est ce que j'ai fait moi-même après quelques heures de repos.

On montre à Mannheim la maison où Kotzebue fut assassiné; et l'on traverse, pour s'y rendre, la place devenue célèbre par le supplice de Sand, le moins cruel et le plus doux peut-être des homicides. Sand se dévoua pour son pays comme Charlotte Corday, et pourtant il y a entre ces deux martyrs de la liberté toute la distance qui sépare un Marat d'un Kotzebue; le féroce proconsul français aurait dû tomber sous le fer vengeur des lois; le folliculaire stipendié mourir flétri par le mépris public, qui tôt ou tard donne la mort même aux infâmes.

La route de Mannheim à Heidelberg est plantée de noyers; on a constamment à gauche le Neckar, l'un des principaux affluens du Rhin; de jolis coteaux couverts de vignobles encadrent la vallée qui m'a semblé cultivée avec beaucoup de soin. Mes compagnons de voyage étaient des étudians; je me plaisais à observer leur physionomie franche et ouverte. En voyant ces figures calmes et réfléchies, je me demandais comment on avait pu faire à cette jeunesse, espoir scientifique de l'Allemagne, la réputation de démagogues toujours prêts à se révolter contre le pouvoir. Le costume de ces jeunes gens n'était point uniforme, tous avaient des casquettes de forme pareille, mais différentes de couleur. J'appris plus tard que les étudians se réunissent en société, soit pour se divertir, soit pour étudier, et que la couleur de la casquette indique à quelle société appartient celui qui la porte.

La situation de Heidelberg est ravissante; cette ville s'appuie

contre une haute colline dominée par un château en ruines, aussi
connu des voyageurs que le vieux *Burg* de Bade ou le *Münster*
de Strasbourg. Les établissemens universitaires sont isolés les uns
des autres, ils gagneraient à se trouver réunis, mais cela n'était
guères possible ; la ville s'étend le long du Neckar et se trouve
resserrée entre la rivière et la colline ; la rue principale est fort
longue et ornée de plusieurs édifices remarquables.

Heidelberg, ville universitaire, mériterait seule une description
particulière, mais je vous l'épargnerai ; plus tard, si je le puis, je
vous la ferai connaître, car je me propose de la visiter encore
et à loisir. Les facultés étaient en vacances. Aussitôt que com-
mence Septembre, la ville perd toute sa population intellectuelle.
Maîtres et élèves se dispersent dans tous les sens. On gagne pays ;
les uns sur les montagnes, les autres dans les plaines. Tel descend
le Rhin, tel autre le remonte. Celui-là va en Hollande, celui-ci
en Suisse. Espérant retrouver à Stuttgart les notabilités scientifiques de Heidelberg, je n'y suis resté qu'un seul jour ; et ce
temps m'a suffi pour voir ce que cette ville renferme de curieux.
La meilleure partie de mon temps s'est passée sur l'esplanade et
dans les cours du vieux château, la plus noble ruine de l'Allemagne. Ces ruines sont mieux conservées que celles des châteaux
qui dominent les derniers abaissemens du versant oriental de
nos Vosges ; c'est un assemblage de bâtimens en partie détruits
et en partie à demi conservés ; mais tels qu'ils sont, on peut
facilement saisir l'ensemble du plan de cette vaste construction.

Ce château, bâti pour résister pendant des siècles au ravage
du temps, n'a pu résister à la main de l'homme ; quelques kilo-
grammes de poudre ont suffi pour culbuter les murs d'enceinte
et pour renverser tours, bastions et tourelles. De larges pans de
murs, et entre autres une énorme tour, gisent comme de grands
corps privés de sépulture dans les fossés à demi comblés qui
formaient l'enceinte des fortifications. On a gardé dans le pays une
vieille rancune contre les Français, qui ont démantelé cette for-
teresse, et pourtant ces ruines, vieux témoins des guerres de
Turenne, sont bien plus célèbres que ne le fût jamais le château

dans son état de parfaite intégrité. Elles attirent chaque année une foule d'étrangers, qui ne peuvent se lasser de les admirer, et qui payent leur admiration en belle et bonne monnaie.

Les jardins ont été conservés ou rétablis ; ils s'étendent derrière le château, se prolongent sur ses ailes, et forment ainsi autour des bâtimens une enceinte de verdure, sur laquelle l'œil aime à se reposer. De gros arbres, dont plusieurs sont vraisemblablement contemporains des derniers défenseurs de Heidelberg, se font admirer çà et là sur le versant de la montagne. La vue, dont on jouit quand on est parvenu sur l'esplanade du château, est l'une des plus belles que l'on puisse imaginer.

Le trajet de Heidelberg à Stuttgart se fait très-facilement en un jour. On remonte le cours du Neckar en suivant la vallée que cette rivière fertilise. Les villages sont rapprochés les uns des autres, et presque tous adossés contre de jolis coteaux couverts de vergers et de vignes qui donnent un vin estimé ; on s'y préparait à la vendange, et d'énormes cuves, portant chacune le nom du propriétaire, s'alignaient dans les rues principales ; prêtes à recevoir les récoltes. Cette fermentation en plein air met à l'abri des accidens qui, chaque année, signalent en France la saison des vendanges.

Plusieurs voitures suivaient la même direction que la nôtre, et portaient au congrès les notabilités scientifiques du nord de l'Europe. On dîna à Heilbronn, ancienne ville du Wurtemberg. La vaste table de l'hôtel était entourée par une cinquantaine de savans affamés, bien semblables, je vous jure, au vulgaire des humains. La conversation fut bruyante dès le début, et les visages s'animèrent long-temps avant le dessert. Le vin blanc du crû fit naître et soutint la gaîté, mais je perdis bientôt la mienne au milieu d'épais nuages de fumée de tabac.

Parmi mes compagnons de voyage se trouvait un savant médecin de Saxe-Weimar, M. Froriep, homme aimable, fort instruit, parlant très-bien le français et montrant fréquemment à côté du sens profond qui caractérise les Allemands, les éclairs d'esprit qui semblent être surtout le partage des Français. Il se rendait à Stuttgart, pour assister à la réunion des naturalistes. La conversation se soutint pendant la route ; je lui dus des détails pleins d'intérêt sur la cour de Weimar et sur les derniers momens de Gœthe, cet homme impair, comme il le disait, dont l'Allemagne et le monde entier ont admiré le génie, et dont il avait pu mieux que tout autre apprécier le cœur.

Ludwigsbourg annonce Stuttgart, comme Versailles et Saint-Germain annoncent Paris ; c'est une résidence royale, riche en casernes ; pauvre en établissemens industriels ; à rues larges et bien pavées, à maisons soigneusement alignées et très-bien bâties. C'est là que tiennent garnison les régimens d'élite, infanterie et cavalerie. Les soldats wurtembergeois portent très-bien l'uniforme.

Ludwigsbourg était le séjour de prédilection du feu roi ; M. Froriep, qui fut son médecin, me le peignit comme un souverain fort absolu dans ses volontés, et néanmoins affable et débonnaire ; il cherchait à combattre son embonpoint par un exercice violent, et ne put y parvenir. Combien de plaisanteries n'ont point été faites sur l'embonpoint extraordinaire du roi de Wurtemberg, et pourtant l'infirmité dont on se plaisait à rire fit le tourment de la vie de ce prince.

Nous arrivâmes de nuit à Stuttgart, nos logemens y étaient préparés ; une commission, composée de jeunes gens appartenant aux meilleures familles de la ville, était en permanence à la chancellerie ; elle s'occupait avec la plus affectueuse sollicitude d'assurer le bien-être des étrangers qui affluaient de toutes parts. On avait eu l'attention délicate de me loger avec deux Français de distinction, M. Bréchet de Paris et M. Lauth de Strasbourg.

Le lendemain de mon arrivée eut lieu la séance générale dans la salle des états, 350 membres environ y assistèrent ; les tribunes étaient occupées par une foule de personnes de distinction ; les princes de la famille royale, les ambassadeurs, les députés, les principaux fonctionnaires de l'État s'y trouvaient, ainsi qu'un grand nombre de dames. Le coup d'œil que présentait cette réunion était imposant, et je me plaisais à étudier ces physionomies d'hommes instruits, dont quelques-uns étaient la gloire du pays qui les avait vus naître. Le président, M. de Kielmeyer, vieillard respectable, lut avec une grande émotion le discours d'ouverture. Après avoir remercié l'assemblée de l'honneur insigne que lui faisait son choix, il chercha à expliquer par quel mécanisme vital, et en vertu de quelles lois de physique générale, les racines se dirigent vers le centre de la terre, tandis que les tiges au contraire cherchent le zénith. L'éloge historique de feu Schübler, professeur à Tubingue et zélé botaniste, fut ensuite prononcé et écouté avec recueillement et intérêt. Diverses autres lectures eurent lieu. Le Dr Gemellaro, de Catane, lut un mémoire latin, écrit avec beaucoup d'élégance, sur l'Etna et ses éruptions; le colonel russe Sabolewski fit connaître le mode d'exploitation des mines de platine des monts Ourals, et donna des renseignemens précieux sur les procédés mis en usage pour séparer ce métal réfractaire de ses gangues. La docte réunion accorda une faveur moins marquée au grand travail de M. Wiebeking sur le cours des fleuves et sur les modifications auxquelles leurs lits sont soumis. M. le professeur Jœger lut les statuts de la société et fit connaître les dispositions prises par la ville de Stuttgart, pour fêter dignement ses hôtes. Les bibliothèques, les collections de gravures et de médailles, le cabinet des antiques, le musée, le jardin botanique, les hôpitaux, les écoles, étaient mis à la disposition des étrangers, et chaque établissement devait avoir une commission chargée d'en faire les honneurs et de donner tous les renseignemens désirables aux visiteurs. Les plus vastes et les plus riches locaux de la ville avaient reçu chacun une destination spéciale : la chancellerie devait servir aux séances des sections, la salle des redoutes et le casino aux repas en famille des membres, l'une pour le matin et l'autre pour le soir. Enfin, la société avait été prévenue que les établissemens ruraux appartenant à la couronne, seraient visités par la réunion, qui serait reçue par les fonctionnaires chargés de les diriger. Avant de lever la séance, le président fit distribuer, au nom de la ville, un magnifique in-4.°, exécuté avec le plus grand luxe, orné de lithographies, de cartes, de plans et de tableaux statistiques. Cet ouvrage, dédié à la réunion et imprimé pour elle, renferme une description très-détaillée de Stuttgart. Ce grand travail statistique peut être présenté comme un modèle du genre. La jolie petite ville de Cannstadt offrit un travail de même nature, fait avec moins de luxe, mais également intéressant; une foule d'imprimés de moindre importance furent également distribués; tous avaient pour but de guider les étrangers dans leurs explorations et de rendre toute perte de temps impossible. Cela fait, l'assemblée générale fut levée, ajournée à huitaine, et les membres se retirèrent dans leurs sections respectives, où je vous conduirai dans une de mes prochaines lettres.

DEUXIÈME LETTRE.

En cherchant à recueillir mes souvenirs sur Stuttgart, je me sens un peu confus d'en trouver si peu de scientifiques. J'ai vécu pendant quinze jours au milieu des fêtes. Le matin nous trouvait réunis dans nos sections, mais nous y portions la préoccupation de gens qui vivent par le cœur plutôt que par la tête. Je vous l'avouerai avec humilité, les distractions mondaines de la veille, et celles qui nous attendaient le soir, le spectacle nouveau que j'avais sous les yeux, cette Allemagne intellectuelle que je voyais pour la première fois, m'arrachaient malgré moi aux sciences; les personnes et les choses m'occupaient plus que les abstractions, je sentais trop vivement pour jouir d'une complète liberté d'esprit.

Les fêtes allemandes, si j'en juge par celles qui nous ont été données, ne ressemblent guères aux fêtes françaises. Nous y déployons du goût, du luxe et souvent même de la coquetterie; les Allemands y mettent quelque chose de simple et de touchant, qui plaît davantage.

La fête des vendanges à la Silberburg avait au plus haut point le caractère des fêtes allemandes. Figurez-vous une suite de jardins en amphithéâtre, disposés sur le sommet d'un riche coteau couvert de vignobles et de maisons de plaisance. A vos pieds s'étend Stuttgart, entouré de hautes collines qui forment plusieurs vallons délicieux, cultivés comme des jardins anglais; partout des vergers, des prairies verdoyantes, de jolies constructions comme suspendues sur le versant de montagnes plus gracieuses qu'imposantes, faciles à escalader et couronnées de forêts de sapins ou de bois de chênes. De quelque côté qu'on veuille jeter la vue, un paysage pittoresque s'offre à vous; c'est une nature cultivée, mais une nature forte et vigoureuse, dont l'homme a pris possession sans pouvoir lui enlever totalement quelques-uns de ses traits primitifs. La Silberburg s'avance comme un promontoire au milieu des coteaux qu'elle domine, c'est un jardin consacré aux fêtes; un lieu de rendez-vous des habitans de Stuttgart, qui, les dimanches, en font un but de promenade; il n'en est guère de plus agréable. La Silberburg avait été disposée pour recevoir la réunion. Au milieu du jardin s'élevait un magnifique dôme de verdure; une table circulaire de trois à quatre cents couverts s'y trouvait placée; elle était abondamment chargée de viandes froides, de vins et de fruits. Un riche trophée, composé des plus beaux raisins du pays, d'épis de maïs, de pommes et de poires de la plus grande beauté et de toutes les couleurs, s'élevait au centre de l'aire protégée par le dôme, auquel étaient attachées des guirlandes de pampres, entrelacées de lierre, d'églantier, de cornouiller, et en général de tous les arbustes qui se plaisent dans les vignobles. Des inscriptions simples, prose et vers, toutes relatives à la solennité, se faisaient lire dans diverses parties du jardin; plusieurs orchestres, composés non de musiciens mercenaires, mais d'habiles amateurs, jouaient alternativement des airs nationaux, et des chœurs d'hommes faisaient retentir l'air de chants joyeux. Un peu avant le coucher du soleil, plusieurs jeunes gens des deux sexes furent vendanger en grande cérémonie; on exprima le jus des raisins avec une presse portative; on but le moût sucré dans des gobelets d'argent, et la vendange fut déclarée ouverte. On se rendit ensuite dans une vigne voisine, dont la récolte avait été achetée par les souscripteurs, afin de pouvoir la livrer aux invités. Quand vint la nuit, un feu d'artifice fut tiré au bas du coteau; le bal s'ouvrit, et bientôt une illumination en verres de couleur vint dessiner en lignes de feu et les jardins de Silberburg, et les contours du coteau sur lequel il s'étend. Huit cents personnes au moins prirent part au banquet; les uns se placèrent sous le dôme de verdure étincelant de lumière, les autres s'assirent à des tables particulières disposées sous les charmilles et dans les bosquets voisins. A peine était-on assis, que l'on vit arriver, musique en tête, trente jeunes personnes des meilleures maisons de la ville : elles étaient déguisées en villageoises; leurs costumes frais et diversifiés, analogues aux jolis costumes suisses, avaient été copiés sur ceux des paysannes du Wurtemberg, mais avec ce goût qui distingue les citadines. Leurs mains portaient l'épi déjà mûr, le raisin ou le fruit du verger, et de jolis paniers, passés dans le bras, renfermaient les denrées que les villageoises portent chaque semaine au marché. On aurait pu s'y méprendre, si la blancheur des mains et la délicatesse de coloris des figures, n'étaient venues trahir l'emprunt fait au village. Après avoir circulé autour de la table, l'une d'elles récita les vers suivans, dont une faible traduction pourra peut-être vous donner quelque idée:

« Chaque fois que la résidence nous appelle, une fête extraordinaire nous est promise; la distance qui sépare la ville des champs est bientôt franchie: nous partons, et les yeux qui nous voyaient passer d'ordinaire avec indifférence, jettent sur nous et sur notre costume un regard affectueux.

« Qui donc nous attire en ces lieux? Est-ce une invitation à laquelle nous cédons; non sans doute, c'est le cœur qui nous entraîne. Ainsi dernièrement, animées d'un doux transport, nous accourûmes fêter la naissance du fils de notre roi. Le sentiment nous inspirait, ce n'était pas un simple devoir que nous remplissions alors.

« Il en est de même aujourd'hui, membres illustres d'une sainte famille! Nous vous eussions apporté nos chansons et nos fruits; nous eussions célébré votre bien-venue, lors même que nous n'y eussions pas été conviées; car il se passe de grandes choses dans le Wurtemberg; ce que vous nous montrez, il ne l'a jamais vu.

« Dans nos écoles on apprend aujourd'hui bien des choses. La jeunesse laborieuse peut s'exercer dans un champ vaste et bien défriché; nous avons su mettre un grand prix à votre haut savoir; grâce à vous, il n'est pas de simple maître d'école de village qui ne puisse étendre sa science depuis le cèdre jusqu'à l'hyssope.

« Soyez donc les bien-venus, enfans chéris de la nature! à vous aussi plaisent les champs. Les bois, les jardins, les plaines se prêtent bien mieux à vos méditations qu'un étroit cabinet sans horizon. Accourez, et si, dans vos promenades savantes, vous rencontrez une fille jeune et fraîche, elle ne sera pour vous qu'un sujet de méditations de plus.

« Vous parlez du beau dans vos doctes réunions, jouissez-en donc sur ce riche coteau. Une journée de plaisir a des ailes rapides, et la saison des vendanges nous prive trop tôt des rayons du soleil; et pourtant l'automne, qui nous permet de vous tresser des couronnes de pampres, devient pour nous la plus belle des saisons.

« Nous nous rangeons à vos côtés; ralliez-vous à notre bande joyeuse. Dégustez savamment les vins de Souabe; et si demain au réveil quelqu'un d'entre vous, après avoir admiré leur bouquet, avait à se plaindre de leur force, qu'il se rassure; il est ici sous la sauve-garde de la médecine, les docteurs ne lui manqueront pas. »

La fête se prolongea fort avant dans la nuit, l'une des plus belles de l'année. Il n'est pas possible de vous dire tout ce qu'il y avait de bonhomie sur les figures; la gaîté générale éclatait en cris de joie et en phrases affectueuses : on se sentait heureux, et chacun éprouvait le besoin de le dire. Beaucoup de peuples ont la politesse des manières, mais il m'a semblé que les Allemands avaient surtout la politesse du cœur. Nous étions des hôtes, mais des hôtes qu'on honore et qu'on aime. Chacun de nous pouvait penser qu'il se trouvait dans sa ville natale, après une longue absence, et qu'il assistait à une fête de famille destinée à célébrer le retour d'un citoyen que la cité eût été glorieuse d'avoir vu naître ; aussi chacun de nous eût-il pu croire qu'il était le héros de cette fête donnée à tous.

Nous fûmes conviés quelques jours après au concert donné par la société philharmonique. Je m'attendais à recevoir un programme à la porte, avec l'indication des morceaux qui devaient être successivement donnés. Symphonie, ouverture à grand fracas, longs concertos, rien de tout cela ne nous était promis à l'avance. Le lieu de la réunion était hors de la ville, à la brasserie de Weissenburg. Que ce mot de brasserie ne vous effarouche pas : dans l'intérieur de la France, à l'exception peut-être de l'Alsace, une brasserie est le local où l'on brasse la bière, pour la fournir ensuite par tonneaux aux consommateurs. En Allemagne, une brasserie est tout à la fois le lieu où l'on fabrique la bière, et le lieu où on la boit. Chacun de ces établissemens possède de jolis jardins, la plupart ayant une vue agréable et de vastes salles garnies de tables, où l'on savoure la cervoise écumante dans de grands verres de cristal, égaux en capacité à la fameuse botte du roi de Pologne Stanislas, ou même à ces cratères classiques que le bon Homère se plaît à décrire avec tant de complaisance, et qui ne pouvaient être vidées d'un seul trait que par ceux de ses héros, capables de jeter à la tête de leurs ennemis les bornes posées pour servir de limites aux champs cultivés.

En Allemagne tous les hommes vont à la brasserie, personne ne s'en dispense. Ces sortes d'établissemens publics exercent une grande influence sur les mœurs, et je crois qu'il ne serait pas indigne du philosophe de chercher à l'apprécier. Elle est immense. Si quelque société de tempérance parvenait jamais à déraciner cette habitude, elle aurait changé en peu d'années l'Allemagne, plus complétement que ne pourront jamais le faire les écrivains et les législateurs. Weissenburg est la brasserie la plus vaste et la mieux située de Stuttgart. La salle d'honneur est très-spacieuse. Le concert s'y donnait ; aucun préparatif extraordinaire n'annonçait la solennité, seulement l'esplanade, qui s'étend le long de la façade, était illuminée, et sur le dessus de la porte intérieure se trouvait un transparent avec ce seul mot *willkommen*, à la bien-venue. Au milieu de la pièce étaient accumulés sur une petite estrade des cahiers de musique vocale. Quel était le nombre des musiciens? je l'ignore; quel fut celui des morceaux chantés? je n'en sais pas davantage; mais quelle douce harmonie! quel accord touchant de sons flexibles et purs! Point d'accompagnement d'instrumens pour couvrir ou modifier le chant; chaque concertant faisait sa partie avec un goût et un aplomb parfaits. Souvent le chœur se composait de tous les Allemands qui se trouvaient réunis dans la salle, car la plupart des airs chantés étaient des airs nationaux. Une hymne à Schiller produisit un effet vraiment magique; les chanteurs inspirés semblaient s'être élevés à la hauteur du génie qu'ils célébraient. La société des naturalistes ne fut pas oubliée; et j'avoue qu'en voyant cette population entière, composée de personnes de tous les sexes et de tous les âges, honorer d'une manière aussi éclatante et la science et les hommes qui la cultivent, je sentais naître en moi le désir d'entreprendre de grandes choses, afin de mériter mieux que je n'avais pu le faire encore, les éloges qui nous étaient donnés, et qui, pour mieux arriver à nos cœurs, séduisaient si délicieusement nos oreilles. Jamais en France je n'avais vu de manifestations aussi éclatantes d'estime pour les sciences, et j'en étais profondément ému. Nous ne possédons aucune de ces sortes de sociétés musicales, et je ne crois pas possible qu'on puisse en fonder jamais parmi nous d'analogues. L'art nous fait compositeurs pleins de goût, comme il nous fait instrumentistes habiles. La nature fait naître les Allemands harmonistes et chanteurs.

Il était tard et nous allions nous retirer, lorsque le poète Gustave Schwab, entouré de ses amis et de ses admirateurs, portant des flambeaux, récita les vers suivans, qui furent écoutés avec recueillement et applaudis avec une faveur marquée.

« Vous demandez pourquoi le soleil s'est levé plus brillant qu'à l'ordinaire; pourquoi l'automne ne nous a point encore ramené ses nuages couleur d'hermine?

« C'est que la nature n'a point oublié que ses amis allaient se réunir; transportée d'alégresse, elle a conservé ses vêtemens de fête, brillans d'or et d'azur.

« Que le vin de cette année coule en l'honneur des sciences; et que le grand nom de nos hôtes vienne s'y rattacher.

« Soit que dans son adolescence il fermente et pétille, soit que dans son âge mûr et plein de force il séjourne dans nos celliers, soit que dans sa vieillesse il ranime le convalescent, qu'il rappelle à jamais leur souvenir.

« Et quand viendra le soir de la vie, que notre frêle machine s'affaiblira, versons-nous encore quelques gouttes du nectar des naturalistes.

« A table, nous en ressentirons la douce influence. Il éveillera la pensée et la rendra féconde. On lui devra de grandes découvertes. Tous les prodiges, il les enfantera.

« Maintenant, il sommeille encore derrière la feuille; si vous voulez le savourer impunément, hâtez-vous!

« Mais il n'est encore qu'une friandise pour les femmes de nos hôtes; laissez se perfectionner ce jeune moût, et qu'en attendant un vieux vin humecte le cœur des hommes. »

Nous eûmes plusieurs fois l'occasion de nous assurer combien le goût de la musique est répandu dans le Wurtemberg. La société des chanteurs artisans paya sa dette à la circonstance, et nous fûmes ravis de la précision et de la justesse de la méthode des concertans.

Les Allemands mêlent toujours le chant et les vers à leurs fêtes; nous faisions ainsi dans des temps moins orageux; mais aujourd'hui nous sommes graves, et notre gravité est bien près de ressembler à la tristesse.

Tels étaient les plaisirs dont nous jouissions à Stuttgart; mais le tableau que je viens de vous esquisser de ces douces solennités, serait incomplet, si je négligeais de vous parler de la fête que le roi de Wurtemberg nous donna dans son palais de Rosenstein.

Ce lieu de plaisance, d'une construction récente et que l'on dit avoir été bâti sur les dessins donnés par le prince, s'élève,

entre Stuttgart et Cannstadt, sur un monticule qui domine les
terrains environnans. Le sol était ingrat, on l'a fertilisé; les eaux
manquaient, on les a fait venir à grands frais des lieux voisins,
et malheureusement elles sont encore peu abondantes. Les jardins
sont habilement tracés et les plantations d'arbres promettent de
devenir fort belles. Le palais est dans le style italien; il s'étend
sur quatre ailes, et son architecture est pleine de noblesse et d'élégance. Il a deux façades principales : l'une regarde Stuttgart, et
l'autre Cannstadt; la vue est délicieuse. Du côté de la résidence,
on ne voit guères que les massifs d'arbres qui unissent la ville
au château; mais du côté de Cannstadt le coup d'œil est ravissant;
on suit le cours du Neckar, qui partage inégalement un vaste
bassin, circonscrit par de jolies montagnes pittoresquement grou-
pées, sur lesquelles s'étendent une foule de villages. En contem-
plant ce riche paysage, il est facile de reconnaître combien cette
situation était avantageuse pour y élever une grande ville, et l'on
s'étonne à bon droit que l'on ait préféré s'éloigner du Neckar
pour fonder Stuttgart. Les Romains, dont le tact était si sûr,
avaient choisi cette belle partie de la vallée pour y bâtir le chef-
lieu de leur colonie, et ils avaient sagement fait. Rosenstein est déjà
un séjour très-agréable; il le deviendra bien davantage quand les
arbres y auront grandi; les promenades y donneront de l'ombre,
et les hautes cimes et les rameaux touffus y protégeront bien
mieux les inspirations du poète et les méditations du philosophe.

Les voitures de la cour nous transportèrent au Rosenstein,
où se trouvait une partie de la maison du roi; nous fûmes reçus
par le baron de Seckendorff, grand-maître de la cour; et les
présidens de sections groupèrent autour d'eux les membres qui
composaient chacune d'elles. Le roi sortit de ses appartemens
vers midi : c'est un homme de cinquante ans environ; de taille
petite, mais bien prise; son teint est coloré, ses yeux ont de l'ex-
pression, et l'ensemble de sa physionomie est agréable. Il parle
notre langue presque sans accent, et s'exprime avec beaucoup de
sens et de justesse. J'eus l'honneur d'être le premier Français qui
lui fut présenté, et il m'entretint assez long-temps; notre conver-

sation roula principalement sur Strasbourg, et sur ses établissemens scientifiques. Il savait que la société géologique venait d'y
tenir une session, et il m'en parla. Ayant appris que j'avais servi
en Espagne, il me vanta les richesses naturelles de ce beau pays,
et fit des vœux pour que la liberté n'y dégénérât pas en licence;
enfin, il se félicita de ce que la paix permettait aux hommes
éclairés de se serrer la main et de fraterniser sans distinction de
pays; il paraissait heureux d'être témoin de ce spectacle touchant, et, pendant deux heures, se plut à échanger quelques
mots avec la plupart des membres des diverses sections.

Ce prince fit preuve de bon goût et de modestie; on m'avait
assuré qu'il détestait la louange, et j'eus la preuve que cette asser-
tion était vraie. Un membre de la réunion, l'ayant complimenté
en français sur la beauté des cultures du Wurtemberg et sur le
bonheur dont ses peuples lui paraissaient jouir, se servit d'ex-
pressions poétiques, dont Idoménée, Salente et Minerve faisaient
tous les frais. Après avoir écouté avec quelque impatience cette
phrase louangeuse et classique, le roi répliqua brusquement : « Je
ne fais que mon devoir, monsieur. » Et il tourna le dos.

Après que le roi se fut retiré, la salle du banquet s'ouvrit et
365 convives prirent place aux diverses tables qui avaient été
dressées. La musique des gardes joua des symphonies pendant le
repas, qui fut splendide. La manufacture de Sèvres avait fourni
les porcelaines; les ateliers de Paris, l'argenterie; Saint-Gobin,
les cristaux. Les meilleurs vins étaient français. J'avais donc des
plaisirs que ne pouvaient goûter tous les convives. Vous dire que
ce festin était magnifique, est chose inutile : l'étiquette fit bientôt
place à la gaîté; nous eûmes pendant quelques heures les avantages de la grandeur, sans en connaître les inconvéniens. La santé
du roi fut portée avec enthousiasme; on but à la prospérité du
Wurtemberg, et nous attendîmes que le soleil fût près de quitter
l'horizon pour nous faire reconduire à Stuttgart, non sans avoir
visité la ferme de Rosenstein; car le roi, qui sait que la prospérité des États est tout entière dans l'agriculture, a voulu que le
lieu de plaisance qu'il aime le mieux, eût dans son enceinte un

terrain spécialement consacré aux cultures. Un prince qui place la ferme à côté du château, marche avec son siècle, et a su le comprendre.

TROISIÈME LETTRE.

J'ai promis, mon cher ami, de vous faire connaître l'organisation de la société des naturalistes et médecins allemands, et de vous parler de ses travaux; je vais tenir ma parole : plus tard je chercherai à vous montrer combien sera puissante l'influence que cette utile institution doit exercer en Allemagne sur l'esprit public.

Les sections étaient au nombre de huit, savoir :

1.° Astronomie et géographie;
2.° Physique et chimie;
3.° Minéralogie et géognosie;
4.° Botanique;
5.° Zoologie   } ces deux sections se réunirent en une
6.° Anatomie et physiologie }   seule;
7.° Médecine;
8.° Économie rurale.

Nous avons trouvé dans chacune de ces sections un secrétaire, nommé par la ville de Stuttgart, afin de recueillir les procès-verbaux des séances. Elle se propose de publier une analyse complète des travaux de la réunion.

Les présidens ont été élus au scrutin, et chaque section en a choisi plusieurs. Un savant Français, M. Duvernoy, eut l'honneur d'être l'un des présidens de la section de zoologie et d'anatomie. Les séances duraient deux heures, et ce temps était court, surtout pour les sections de minéralogie, de botanique et de zoologie, qui s'occupaient souvent à faire des démonstrations, et qui avaient parfois à examiner des collections monographiques très-considérables. Les communications se faisaient en allemand, plus rarement en latin, quelquefois en français. En articulant nettement, et en prononçant les mots avec lenteur, nous étions sûrs de nous faire parfaitement comprendre des assistans; car si, d'un côté, notre langue n'était pas également familière à tous les auditeurs; de l'autre, sa clarté et sa précision rendaient plus intelligibles les définitions que nous donnions.

En quittant une section on se rendait dans une autre; mais ces allées et venues avaient l'inconvénient de rendre les séances tumultueuses, et beaucoup de personnes circulaient partout, sans autre motif que la curiosité.

Je voulais vous tracer quelques portraits, et les choisir parmi les personnes vraiment célèbres de la réunion; mais voici que j'hésite incertain du choix à faire. Vous le savez, la célébrité est relative, et ses limites sont plus ou moins restreintes. Il est peu de réputations européennes, il en est moins encore qui s'étendent à toute la terre civilisée. Nous avons des notabilités scientifiques de cité, de province, de pays; telle personne célèbre en Angleterre ou en Allemagne, est à peine connue en France; et nos hommes à réputation n'en ont pas toujours une qui passe la frontière. Les travaux du philologue, de l'historien, de l'archéologue, sont ignorés du mathématicien; les astronomes ne savent rien des travaux du zoologiste, et ceux du géomètre ne sont pas venus à la connaissance du chimiste ou du physicien. Ainsi se multiplient les causes qui tôt ou tard finissent par éteindre ces lueurs phosphorescentes que jettent certains hommes pendant leur passage sur la terre; quelques éloges rarement compensés par le blâme des critiques, un nom inscrit avec cent autres dans les fastes de la science, une place de peu d'étendue dans les bibliothèques pour y reposer en paix, en attendant qu'un érudit vienne secouer la poussière qui recouvre un périssable papier; voilà ce qu'on nomme vivre dans la mémoire des hommes! voilà cette gloire que l'on croit saisir et qui toujours nous échappe, voilà cette renommée aussi fugitive que les vains sons qui sortent de sa bouche!

La section de botanique était plus riche en célébrités que les autres. J'y trouvai réunis les deux frères Nées d'Esenbeck, dont l'aîné est président de la société léopoldine des curieux de la nature ; Martius, qui a enrichi le monde savant d'une Flore du Brésil, ornée de planches admirables d'exécution ; H. Mohl, aujourd'hui professeur de botanique à Tubingue, qui a concouru à enrichir la Flore brésilienne de ses observations microscopiques sur la structure anatomique des palmiers, si élégamment décrits par Martius ; le comte de Sternberg, vieillard respectable, dont les manières se ressentent de la fréquentation des cours, et qui est tout à la fois botaniste et géologiste habile ; Bartling, auteur d'un ouvrage intitulé : *Classes plantarum ;* Bischoff, qui a donné un bel ouvrage d'organographie végétale ; Steudel, auteur d'un *Nomenclator plantarum*, dans lequel sont énumérées plus de 50,000 plantes ; A. Braun, de Carlsruhe, et Schimper, de Munich, botanistes ingénieux, qui s'occupent avec un rare succès de déterminer les lois qui président à l'organotaxie végétale ; Gmelin, auquel on doit une Flore du grand-duché de Bade ; le fils du célèbre Gærtner, célèbre lui-même pour avoir continué les travaux carpologiques de son père ; Hochstetter, d'Esslingen, fondateur d'une société ayant pour but spécial l'exploration botanique des parties du globe encore mal connues ; Rœper, formé à l'école de De Candolle, et digne d'être avoué par son illustre maître ; Kunze, l'un des plus laborieux et des plus estimables botanistes du nord de l'Allemagne ; Kurr, qui étudia la végétation des terres polaires ; de Martens, qui a parcouru les rivages de l'Adriatique, si riches en thalassiophytes, etc. J'eus un grand plaisir à voir de près ces hommes qui, s'ils ne m'étaient pas tous personnellement connus, s'étaient du moins depuis long-temps fait connaître du monde savant par leurs ouvrages.

La section de physique et de chimie possédait un descendant des Bernouilli, le chimiste prussien Dobereiner ; Geiger de Heidelberg, auteur d'ouvrages, proclamés classiques, sur l'histoire naturelle des médicamens ; MM. Gmelin et Leibig. Celle de zoologie, MM. Arnold, Otto ; le célèbre voyageur Ruppel ; le profond physiologiste Tiedemann ; Tilésius, qui a fait un voyage autour du monde avec Krusenstern ; Hammerschmidt, Mikan, Goldfuss, Harless, Menke et Zeune, qui ont travaillé avec succès

diverses branches des sciences naturelles. Les savans français n'é-
taient pas indignes de se trouver en pareille compagnie, et les
professeurs Breschet, Duvernoy, Ehrmann, Lobstein, Lauth;
MM. Strauss-Dürkheim, Berthier, ainsi que plusieurs autres, ont
soutenu dignement l'honneur de la nation.

Ce serait ici le lieu de vous faire connaître la nature des travaux de chaque section, mais je préfère vous adresser un extrait
succinct des procès-verbaux. Ces renseignemens officiels vous
donneront quelque idée du mouvement qui entraîne l'Europe
savante vers les progrès scientifiques.

Lorsque finissaient les travaux des sections, on se rendait dans
la salle du banquet: elle était immense, et pouvait contenir environ 400 convives. Une excellente musique exécutait des airs
pendant le repas. Le service se faisait lentement, et l'on dînait à
peu près; à peine avait-on servi quelques plats, que venaient les
toast. Un cliquetis de verres, que j'avais pris en grande aversion,
les annonçait; aussitôt chacun se levait armé de son verre et,
soit que l'on entendit, soit que l'on n'entendit pas le toast, il fal-
lait applaudir bruyamment et recommencer douze à quinze fois
pendant la durée du repas. Avait-on fini, on se réunissait par
groupes de quatre à cinq personnes, et l'on se promenait dans le
jardin du palais. Les marcheurs franchissaient les jardins et le
parc et poussaient jusqu'à Cannstadt. On visitait alors quelques-
uns des nombreux établissemens publics ou particuliers disposés
pour nous recevoir. Le soir était-il venu, on avait une fête, un
concert ou le spectacle; après quoi on se rendait à la redoute,
pour y faire collation avec ceux des sociétaires qui vous étaient
plus particulièrement connus. Ce fut pendant ces après-diners
que je visitai les riches collections de la société d'économie rurale; l'école vétérinaire; plusieurs laboratoires de chimie, le
cabinet royal d'histoire naturelle, la riche collection pharmaco-
logique de M. Jobst, le jardin botanique, etc.

Je vous parlerai plus tard de quelques-uns de ces établissemens; mais avant de vous indiquer ce qu'ils m'ont offert de plus
remarquable, je crois devoir vous entretenir d'un épisode qui

vint égayer l'un de ces repas dont je vous ai fait connaître l'ordonnance.

La culture de la vigne a une grande importance dans le Wurtemberg; les vins y sont agréables, et il existe à Stuttgart une société qui s'occupe avec ardeur à perfectionner cette branche d'industrie agricole. Une commission, tirée du sein de la société, vint offrir à la réunion les prémices de la récolte de 1834, et les plus beaux raisins des vignobles de Stuttgart dans des corbeilles élégamment ornées. De jeunes enfans, en habits de fête, les portaient; ils prirent le haut bout de la table, et un vigneron porta le toast d'honneur à l'assemblée. Il s'approcha successivement de chaque convive, et présenta à boire dans un vase d'argent de forme bizarre, auquel étaient appendus de petits modèles d'ustensiles de vendanges : pressoirs, échelles, hottes, paniers, tonneaux, vases de toute espèce; au centre de ce petit trophée se trouvait une coupe. Pendant que le député vigneron circulait autour de la table pour porter à chacun de nous un toast individuel, M. le conseiller Ritter récita les strophes suivantes :

«Non-seulement notre heureux pays est doué par la nature de productions variées, mais encore nos vignobles couvrent au loin les collines de leurs pampres verts.

«Là où le Neckar serpente avec majesté, et où le Tauber promène au loin ses flots argentins, le dieu de la treille a élevé un temple, et l'a orné d'élégantes guirlandes.

«Pourquoi donc l'étranger ne chante-t-il pas les louanges des vins de la Souabe, tandis qu'il vante la verdeur et le bouquet des autres vins?

«Il fut un temps dans les siècles reculés où la célébrité de nos vignobles s'étendait dans tous les pays.

«Un empereur, né en Souabe, en faisait ses délices; le poète de sa cour le chantait à perdre haleine.

«S'il faut en croire la tradition, ce fut alors qu'un souverain, surnommé le *vigneron*, transporta des bords du Rhin sur nos coteaux, le plant des meilleures qualités de vigne.

«Cette gloire s'est-elle éclipsée entièrement? non sans doute mais s'il était vrai qu'elle eût moins d'éclat, elle renaîtrait, grâce aux soins de ces hommes d'élite, rassemblés ici pour la faire revivre.

«Des patriotes éclairés ne veulent plus permettre qu'elle nous soit à jamais ravie; ils travaillent avec ardeur à faire renaître cette gloire antique.

«La routine va faire place à la méthode, déjà nous voyons de toutes parts prospérer des vignobles modèles.

«On conserve ce qui est ancien, mais on l'améliore. L'industrie seule peut obtenir de la nature ce qu'elle refuse obstinément à la paresse.

«Tels étaient les vers que nous récitions pour célébrer l'anniversaire de la fondation de notre société; nous les reproduisons, dans toute notre bonhomie souabe, devant un cercle d'hôtes vénérés.

«Acceptez ces prémices cueillis de la main du vigneron, et remplissez cette coupe qu'Hermès lui-même a marquée de son sceau.

«Buvez aux hommes qui cherchent à améliorer la vigne, car ceux-là sont vraiment dignes du nom de patriotes.

«Et maintenant que le vin ne tarisse plus, buvez, buvez encore, et qu'on puisse dire de ce jus délicieux, jamais on ne peut en boire assez.»

Stuttgart offrait chaque jour de nouveaux alimens à notre curiosité. Les médecins visitaient les hôpitaux et les maisons de santé; les naturalistes étudiaient les collections du musée et celles des particuliers; le jardin botanique, les pépinières, les établissemens agricoles appelaient les botanistes et les économistes. Nos promenades étaient toutes instructives. Quoique la saison fût avancée, je pus me convaincre que la Flore de Stuttgart est variée, et cela doit être, puisque la constitution géologique l'est également. Le *Coronopus depressus*, Mœnch; le *Poa sudetica*, Lin.; la *Digitalis ambigua*, L.; le *Cetraria islandica*, Ack.; le *Phleum phalaroïdes*, Kœler; le *Phyteuma ovale*, Hoppe; le *Laserpitium prutenicum*, L.; le *Scorzonera muricata*, Balb.; l'*Atriplex acuminata*, Kit., sont des plantes de Stuttgart, rares en France; quelques-unes même ne s'y trouvent pas. Le jardin botanique est riche, mais l'ensemble des bâtimens laisse beaucoup à désirer. Les serres n'y ont qu'une médiocre étendue. J'y ai vu de superbes bambous d'une grosseur et d'une taille considérables; les plantes bulbeuses y sont fort nombreuses, notamment celles du Cap. On assure qu'on y cultive environ 15,000 plantes; je crois que ce nombre est bien supérieur à la réalité. Le musée d'histoire naturelle, quoique riche, est bien loin de celui de Strasbourg : on y trouve néanmoins de belles choses, et notamment une riche collection de fossiles du Wurtemberg. Plusieurs grands sauriens, ichthiosaures, péliosaures, mégalosaures, s'y trouvent, et ces débris y sont dans un état de conservation fort satisfaisant. On y admire un énorme bloc de calcaire, renfermant les restes presque complets d'un mammouth : il a été trouvé à Cannstadt en 1816.

Parmi les collections particulières, il n'en était pas de plus curieuses que celles de M. Jobst. Ce négociant, le plus riche droguiste du Wurtemberg, avait eu l'heureuse idée de réunir dans un vaste local, très-bien éclairé, toutes les substances médicamenteuses des trois règnes de la nature, telles que le commerce les fournit. Il est difficile de se faire une idée de la beauté de cette collection, dont la valeur peut être portée hardiment à deux ou trois cent mille francs : les quinquina les plus précieux s'y trouvaient, les uns renfermés dans des peaux de buffle, les autres cousus dans des nattes faites de fibres d'écorces; les cacaos, les cannelles de Cayenne et de Ceylan, les aloës, les baumes les plus précieux, les diverses espèces d'opium, les fruits les plus rares; le musc, l'ambre, les bois d'aloës, les gommes, les ipécacuanha, les salsepareilles; enfin les produits chimiques que nous fournissent les quinquina, l'opium, le saule, le poivre, les strychnées, s'y trouvaient rangés avec ordre dans de grands vases de cristal. Au centre de ce vaste bazar, on voyait empaillé l'animal qui fournit le musc (*Moschus moschiferus*, L.), ruminant très-rare dans les musées. Dans une autre partie de l'immense salle s'élevait un petit temple rustique entièrement construit avec des écorces de quinquina, couvertes de leurs lichens, et réunies de manière à simuler des frontons, des chapiteaux, des colonnes, etc., etc.

Toutes les variétés d'une même substance étaient placées les unes à côté des autres, afin de permettre des comparaisons plus faciles; toutes étaient soigneusement étiquetées, et l'étiquette faisait connaître l'origine de la substance, la patrie d'où elle provient, le port qui l'expédie en Europe, etc. Cette réunion de ballots, de caisses, de paquets, de vases en verre, en terre, en fer, en cuivre, remplis de drogues de toutes les formes et de toutes les couleurs, formaient un spectacle bizarre et tout-à-fait extraordinaire.

Un pareil musée ne serait point inutile à Paris, où les études médicales et pharmaceutiques ont pris une si grande extension, et j'apprendrais avec un grand plaisir que nos facultés de médecine, et notamment celle de Paris, qui a de grandes ressources pécuniaires, fondassent de pareils musées; ce n'est pas assez de voir les substances par fragmens dans des locaux étroits, il faut pouvoir les étudier en masses et dans leur intégrité, telles qu'elles arrivent dans nos ports.

Le roi ayant invité la société à visiter Hohenheim, école d'agriculture, que l'on désigne d'une commune voix comme la plus célèbre de toute l'Allemagne, nous partîmes pour faire cette agréable et instructive promenade. Nous fûmes d'abord dirigés sur Weil, joli village situé au milieu de la vallée du Neckar; puis, nous rapprochant des montagnes, nous arrivâmes au haras royal de Scharnhausen, dont les immenses prairies s'étendent à perte de vue dans la vallée. Esslingen en est peu distant, et cette ville, adossée à de hautes collines, fait de loin un effet très-pittoresque. En face de Weil s'élève la petite montagne de Rothenberg, sur laquelle a été bâti le tombeau de la reine Catherine, sœur de l'empereur Nicolas, et première femme du roi de Wurtemberg actuellement régnant. Ce petit monument, où l'on célèbre deux fois par semaine l'office d'après le rit grec, est assez élégant. Nous fûmes reçus à Weil et à Scharnhausen par M. le conseiller Weckherlin. Nous admirâmes les étalons qui, libres d'entraves, déployaient dans la vallée leur vigoureuse souplesse. Scharnhausen est consacré non-seulement au perfectionnement de la race des chevaux, mais encore à l'amélioration des bêtes à cornes et des bêtes à laine. Le roi s'occupe avec une sorte de prédilection de cette branche d'économie rurale; il a peut-être les plus beaux haras du continent. La France tire chaque année du Wurtemberg pour plusieurs millions de francs de chevaux; et l'Alsace nourrit ses habitans avec des bœufs engraissés dans les pâturages de cette fertile contrée.

Nous nous remîmes en route, et traversâmes une haute chaîne de collines boisées pour gagner Hohenheim. La population des villages voisins, endimanchée, se trouvait sur notre passage, et regardait avec un maintien respectueux défiler ce peuple de savans que cent voitures pouvaient à peine contenir tous. MM. les directeurs de l'école agricole nous reçurent à l'arrivée, et s'empressèrent de nous faire les honneurs de l'établissement, qui m'intéressa au plus haut point. Je ne vous en dirai pourtant que peu de chose. Si vous voulez connaître Hohenheim, lisez dans la Nouvelle Revue germanique (Avril 1834) l'excellent article que M. de la Nourais a consacré à cette école. Ce n'est guère au milieu de quatre à cinq cents personnes qu'on peut étudier à fond un établissement de cette importance, aussi ne l'ai-je vu qu'à la superficie. On nous avait ménagé le plaisir d'une exposition de produits d'industrie agricole. Les lins, les chanvres, la soie, les laines, le sucre de betterave et sa cassonade, les fécules, les plantes potagères, les houblons, les fruits à cidre et à poiré, les raisins, se montraient dans un état de perfection très-remarquable, et occupaient une longue suite d'appartemens. Puis venait un musée rustique, composé des terres, des calcaires et des fossiles de Hohenheim, avec une collection de plantes sèches, et divers cas de pathologie végétale, observés dans l'enceinte de ses cultures; les oiseaux et les insectes qui peuplent ses bois, et ceux qui vivent aux dépens des récoltes; les quadrupèdes rongeurs qui pullulent dans ses champs, et dont ses greniers ne sont pas purgés entièrement, montraient dans des armoires vitrées un type de leurs races redoutées de l'agriculteur. Les instrumens aratoires, les outils de jardinage, les harnais des chevaux, les jougs, les socs, les machines à couper les racines, celles destinées à hacher la paille; les vans, les herses, les cribles, toutes ces merveilles de l'industrie humaine étaient étalées sous nos yeux. Après que nous eûmes visité les étables, les écuries, les greniers, les magasins, la fabrique de sucre de betterave; après que nous eûmes parcouru les champs, les prairies artificielles, les pépinières, les vergers, les potagers et le jardin botanique, nous nous rendîmes dans les appartemens, où nous trouvâmes un dîner offert par le roi et servi par sa maison. Chaque table avait un haut fonctionnaire pour en faire les honneurs; mais sa présence ne put empêcher les conversations bruyantes, et les toast plus bruyans encore. Le dîner se prolongea bien plus qu'il n'est d'usage dans un dîner d'étiquette; enfin il se termina, et nous rentrâmes à Stuttgart vers la fin du jour. Ainsi se passa notre séjour à Hohenheim; ce vieux château a gagné en importance véritable ce qu'il a perdu en vanité historique. Maintenant ses armes sont un soc de charrue sur un champ ensemencé; celles du fondateur ne les valaient pas. En Europe certains hommes occupaient jadis une trop large part de la terre. Les vastes domaines, possession exclusive d'un seul propriétaire, sont rendus à la communauté; encore quelques siècles, et chacun de nous aura place au soleil : un grand poète l'a dit ainsi, et les poètes vraiment inspirés sont doués, comme les bardes écossais, du don de seconde vue.

QUATRIÈME LETTRE.

Avant de terminer ce que j'avais à vous dire sur Stuttgart, je veux, mon cher ami, vous faire envisager sous un nouveau jour l'importance des congrès scientifiques de l'Allemagne.

La réunion des naturalistes et médecins allemands a lieu chaque année, depuis douze ans, dans une ville choisie d'avance vers la fin de la session précédente : elle doit être comprise dans l'un des États d'Allemagne. Deux naturalistes suisses conçurent la première idée de ces congrès ; mais ce sont les Allemands qui les premiers la mirent à exécution. Les gouvernemens ont favorisé de tout leur pouvoir cette belle institution, dont le but a plus de portée qu'on ne le croit communément.

La pensée qui domine toute la politique des gouvernemens outre-rhénans est de fonder une espèce de fédération morale entre les divers peuples de la langue allemande ; tout ce qui tend à seconder ce projet et à l'étendre est non-seulement sûr de l'approbation des gouvernans, mais encore de leur faveur toute spéciale.

On a senti, et le fait est généralement vrai, que les peuples ayant communauté de littérature et parlant la même langue, étaient bien près de devenir amis ; sortis d'une même souche, ils ont été soumis aux mêmes vicissitudes historiques, et la conquête a pu les démembrer sans éteindre totalement en eux ces souvenirs de gloire qui leur ont été légués par les mêmes ancêtres.

La difficulté de bien comprendre toutes les nuances de langage, élève entre les nations des barrières plus difficiles à franchir que les fleuves et les chaînes de montagnes. Peut-être serait-il plus rationnel de classer les peuples par idiomes que de les ranger par territoires. C'est en vain qu'après une victoire on modifie les lois et les institutions politiques des provinces conquises ; si on ne peut changer la langue, on n'a rien fait encore. L'Alsace est seulement devenue française depuis que notre langue y est parlée ; la Corse sera italienne, aussi long-temps qu'on s'y servira d'un dialecte italien. Genève et Vaud ne sont suisses que par nécessité politique ; et la Belgique dépendra toujours du peuple auquel elle emprunte sa langue, sa littérature et ses mœurs.

Rien ne nous semble plus facile que de fortifier les liens qui unissent déjà les peuples allemands ; les alliances y deviendront de jour en jour plus étroites, et de quelque côté que leur arrive l'agression, ils seront prêts d'un commun accord à la repousser. On veut rendre les guerres impossibles en les rendant désormais nationales ; l'attaque sera toujours œuvre de gouvernement, il faut que la défense soit toujours œuvre de nation.

La France et l'Angleterre ont maintenant leurs congrès scientifiques, mais jamais ces assemblées n'atteindront nulle part le
degré de prospérité des réunions allemandes. Nous avons un
centre intellectuel, Paris, et un centre d'enseignement, l'université. L'Allemagne a autant de manières d'enseigner que d'uni-
versités, et les unes sont indépendantes des autres; à chacune
ses statuts qui la régissent, à chacune ses doctrines et ses souvenirs. Réunir sur un territoire neutre ces divers élémens épars
sur une vaste étendue de pays; mettre en contact ces hommes
intellectuels mus par des impulsions différentes, voilà quelque
chose d'utile et de philosophique. Le gouvernement français, qui
n'est point intéressé au succès de ces réunions, ne cherche point
à leur donner de l'éclat. Les villes ne peuvent distraire aucune
part de leurs budjets pour rehausser l'éclat de ces solennités scientifiques, qui deviendraient pour une jeunesse ardente une source
puissante d'émulation.

Les souverains allemands se disputent au contraire l'honneur
de réunir dans leurs capitales ces doctes assemblées; la réception
est préparée de longue main. Des hommes étrangers aux usages
des cours, de simples professeurs d'université, de modestes écrivains, des voyageurs sans titre, sont accueillis comme des princes.
Les rois les honorent; ce sont des hôtes qu'ils reçoivent dans
leurs palais. Jadis on tenait des conciles; naguères on réunissait
des congrès politiques; aujourd'hui, que l'Église n'a plus de schis-
mes à combattre et que l'Europe n'a plus de guerres à terminer,
l'intelligence, qui a vaincu la force brutale et fait justice du so-
phisme, est devenue la reine du monde : elle règne sur les peuples;
elle règne sur les rois.

L'Allemagne a déjà retiré de grands avantages de ces sortes
de réunions sous le rapport politique, et l'avenir lui en promet
de plus grands encore. Les hommes d'élite qui y affluent de
toutes les parties de l'Allemagne, apprennent à s'estimer mutuel-
lement; placés à la tête des masses qu'ils dirigent, ils leur montrent comment on fait taire les inimitiés et les préventions in-
justes. Bientôt, grâce à eux, le Prussien, le Bavarois, l'Autrichien,

le Wurtembergeois, sentiront qu'ils sont enfans d'une même patrie, de cette vieille Germanie, chère aux souvenirs de tous.

Le caractère dominant que m'a présenté la réunion de Stuttgart, est celui d'une tendance marquée vers le cosmopolitanisme. « Il faut que les peuples se tiennent d'une main, et les nationaux des deux mains, » me disait un Allemand, remarquable par la noblesse de son caractère. Rien n'a mieux mis en évidence ces dispositions toutes bienveillantes que le fait suivant : Chargé par mes compatriotes de porter le toast de remerciment à la réunion dont nous étions les hôtes, je le portai dans les termes suivans : « A l'Allemagne hospitalière, notre docte sœur et puissante voisine ! unie étroitement à notre patrie par les liens de l'estime ; qu'elle le soit désormais par ceux de l'amitié. Honneur, éternel honneur à l'Allemagne, qui a fondé cette réunion ; nous lui devons un grand exemple. Hommes intellectuels de tous les pays, devenons cosmopolites, sans cesser d'être patriotes ! serrons nos mains, rapprochons nos cœurs, et nul pouvoir sur la terre n'osera seulement tenter de nous désunir ! » Ce toast fut applaudi avec transport, et plus de trente Allemands, dont les noms me sont inconnus, vinrent m'embrasser avec la plus touchante effusion de sensibilité. « Soyons cosmopolites, sans cesser d'être patriotes ; répétaient-ils à la ronde. C'est cela, on a surpris la pensée la plus intime de nos cœurs ; *hoch*, cent fois *hoch*. Vivat, cent fois vivat ! »

Les étrangers étaient nombreux : il y avait des Suisses, des Hambourgeois, des Anglais, des Italiens, des Russes ; mais aucune nation ne fut mieux accueillie que la nôtre ; il est dans les destinées de la France de ne point trouver d'indifférens : il faut l'aimer ou la haïr ; être son ennemie ou son alliée ; en un mot, prendre parti pour elle ou contre elle.

Les Allemands parlent notre langue, mais difficilement ; on exagère en France l'universalité de notre idiome. On le comprend passablement, mais on l'écrit et on l'articule mal. Néanmoins nos ouvrages sont fort répandus en Allemagne, et la connaissance de notre littérature y est poussée fort loin. Les Allemands sont bibliographes; les vastes collections de livres y sont communes. J'ai visité plusieurs bibliothèques particulières, aussi riches que celles de nos villes de troisième ordre; et l'université de Tubingue met à la disposition des élèves qui la fréquentent, plus de 150,000 volumes. Lyon, la seconde ville de France, n'en a pas davantage.

D'après tout ce que je viens de vous dire dans mes lettres précédentes, vous êtes en droit de me demander si, pendant les quinze jours que dure la réunion, on travaille fructueusement à l'avancement des sciences médicales et des sciences naturelles, je vais répondre. Les membres présens n'ont pas tous la même aptitude; car il suffit d'être médecin ou d'avoir le goût de l'histoire naturelle pour être admis aux séances : ceux qui appartiennent à la localité, se présentent parce qu'ils aiment les sciences; mais le petit nombre seul a des titres scientifiques. Les personnes venues de localités plus reculées sont ordinairement munies de mémoires, soit manuscrits, soit imprimés. La société renferme donc une foule de membres auditeurs et un très-petit nombre de membres travailleurs : on lit quelques mémoires, mais on ne les discute pas, faute de loisir. Les communications verbales sont nombreuses; une communication en amène une autre, et le temps s'écoule ainsi rapidement. Mais comme les heures auxquelles les sections tiennent les séances, sont différentes, chacun peut successivement passer de l'une dans l'autre; et la quantité de faits dont on prend connaissance, est considérable, et c'est là le principal avantage scientifique qu'on retire de ces réunions.

Il est fâcheux que la société n'ait pas un but spécial de travail; quelques médecins avaient proposé de donner une nouvelle édition de Pline, avec des commentaires, travail fait dans la plupart des langues et d'une médiocre utilité. On en est resté au projet. Des praticiens estimables, sur la proposition du Dr Wedekind, médecin d'une grande réputation et fort estimé en Allemagne, avaient adopté le plan d'un ouvrage de matière médicale, auquel devaient coopérer tous les sociétaires, ce qui veut dire que tous les médecins allemands auraient pu y apporter le tribut de leurs lumières et de leur expérience; mais le comité de rédaction eût pâli devant la tâche qu'il eût fallu remplir. Comment d'ailleurs parvenir à coordonner les immenses matériaux déposés, en conservant l'unité de vues et en conciliant les contradictions, résultat inévitable d'un pareil travail. Ces deux projets ont été abandonnés; les causes qui les ont fait avorter me sont tout-à-fait inconnues.

Ces réunions ont surtout pour résultat d'ouvrir des relations nouvelles, et de multiplier les points de contact entre les savans des divers pays. On échange ses idées, et quelques heures de conversation entre des hommes qui suivent la même carrière scientifique, suffisent pour vous faire renoncer à des travaux déjà entrepris par d'autres et à votre insçu; ou, vous donnant une direction nouvelle, vous permettent d'en entreprendre d'utiles, auxquels vous ne pensiez pas; mais ces résultats, toujours certains, et qui ressortent du fait même de sa réunion, n'empêcheraient pas qu'on n'en tentât d'autres. La société n'a point de direction, et sans doute il serait important qu'elle en eût une. Je désirerais qu'au moyen d'une cotisation légère la société donnât des prix, non aux meilleurs mémoires présentés, mais aux meilleurs ouvrages imprimés dans l'année qui précède la réunion : elle pourrait proposer des sujets de prix, afin de stimuler le zèle scientifique des jeunes gens. Les prix décernés dans cette circonstance, le seraient par l'Allemagne savante tout entière; et les obtenir, fournirait un puissant moyen d'émulation. Je voudrais que chaque section indiquât les lacunes qui existent dans les sciences de son ressort, afin de montrer aux gens irrésolus ou incertains la route à suivre pour servir les connaissances utiles à l'homme. Indépendamment de ces renseignemens, donnés aux personnes sans direction, je voudrais que les sections se traçassent une série de travaux; les classifications, les synonymies, ont besoin d'être perfectionnées; le langage scientifique est encore imparfait; une foule d'assertions demandent à être vérifiées; des lacunes demandent à être remplies, pourquoi ne pas discuter en commun les bases de ces divers travaux. Les réunions de France viennent de procéder de cette manière, et je les en loue fort : elles adressent à l'avance aux personnes studieuses des questions à résoudre ou à discuter; on arrive, et chacun a pu se préparer à ouvrir des discussions d'où jaillissent des aperçus ingénieux d'une application facile. En négligeant ce moyen, les séances sont tumultueuses, les *à-parte* nombreux, les lectures peu profitables ; il serait facile de faire autrement. Sans doute ces inconvéniens se sont déjà présentés à l'esprit des personnes qui exercent une influence sur la direction qu'a prise la société, et des obstacles s'opposent vraisemblablement à ce que cette direction soit différente. Mais ces obstacles sont-ils donc insurmontables ? Ne fallait-il pas essayer de les lever ? Ce que l'on juge impossible, ne l'est souvent que faute d'avoir eu le courage d'en tenter l'exécution. On y songera sans doute plus tard.

Le congrès scientifique dura quinze jours. Il y eut trois séances générales, et chaque jour, pendant la matinée, les sections s'assemblaient. La dernière séance générale fut le signal du départ pour la plupart des membres. Le lieu de la prochaine réunion avait été précédemment choisi. Fribourg, Iéna, Pyrmont et Bonn furent proposées, Bonn l'emporta.

Après avoir été visiter la petite ville d'Esslingen, où je vis deux botanistes wurtembergeois, MM. Steudel et Hochstetter, que je connaissais depuis long-temps de réputation, je quittai Stuttgart, pénétré de reconnaissance pour l'accueil que j'y avais reçu. Je me dirigeai sur Tubingue, pour gagner Bade, où m'attendait ma famille ; j'étais dans la compagnie de MM. les professeurs Tiedemann et Otto, et dans celle de M. le D.ʳ Bécourt. La route me parut courte, tant la conversation était instructive et variée ; les deux doctes Allemands étaient au nombre de ceux dont j'avais le plus ambitionné l'amitié. Ils joignent, l'un et l'autre, à d'excellentes qualités celles d'être véritablement patriotes, et je m'en aperçus avec joie ; car le patriotisme éclairé doit exclure les inimitiés et les préventions nationales. Tubingue est une ville dont les constructions sont bizarres : elle est, comme la Gorgone, belle à force de laideur. Nous visitâmes quelques parties de l'université, notamment sa riche bibliothèque et son jardin botanique, aujourd'hui dirigé par le D.ʳ Mohl, homme distingué, qui remplacera honorablement le professeur Schübler.

Les salles de dissection de la Faculté de médecine sont isolées, et construites sur un coteau qui domine la ville; il est difficile de mieux situer un pareil établissement. Nous arrivâmes de nuit à Nagold; tout y respirait la joie. On y célébrait la fête du roi avec beaucoup d'entraînement et de gaîté. Un bal s'ouvrit, et nous fûmes invités avec tant d'instances d'y paraître, que nous cédâmes. Les deux journaux du pays (car Nagold, petite ville de 2000 ames, a deux journaux) étaient remplis de vers à la louange du roi, et renfermaient en outre la relation des fêtes qui nous avaient été données à Stuttgart. Nous déjeûnâmes à Freudenstadt, après avoir traversé le plateau supérieur du Schwartzwald : ces plaines élevées ont un aspect curieux, qui rappelle les paysages de la Bohème. Les forêts d'arbres verts y sont clairsemées; les terres m'ont paru médiocres. Les villages construits en bois ressemblent aux villages suisses. En quittant Freudenstadt, on s'engage dans la vallée de la Murg (*Murgthal*), l'une des plus pittoresques de la Forêt-Noire. Les tableaux du genre sévère et du genre gracieux se succèdent sans interruption pendant sept à huit lieues. Les villes, les villages et les usines occupent le bas de la vallée, et la route serpente sur les abaissemens des montagnes, tantôt à droite, tantôt à gauche de la Murg. Les forêts y sont imposantes, et leur beauté n'a rien à envier à la végétation alpine. Nous arrivâmes à Bade le soir, et nous pouvions déjà, infidèles à de doux souvenirs, nous ranger autour d'un tapis vert avec quelques joueurs avides qui depuis longtemps ont abjuré tout sentiment humain, et qui luttent avec désavantage contre Chabert, dont les armes sont sûres et blessent profondément. Mais nous n'en fîmes rien; réunis les uns et les autres à quelques-uns des objets de notre affection, nous nous donnâmes le baiser d'adieu, et, riches de souvenirs, nous allâmes leur parler à loisir des amis que nous venions de conquérir et de Stuttgart la ville hospitalière.

DOUZIÈME RÉUNION DES NATURALISTES ET MÉDECINS ALLEMANDS.

RÉSUMÉ DES TRAVAUX DES SECTIONS.

PREMIÈRE SECTION (29 membres) : *Géographie et Astronomie.*

Président : M. DE LITTROW, directeur de l'observatoire de Vienne.

M. Schwartz, pasteur à Botenheim, met sous les yeux de la section une carte du Wurtemberg, qu'il a dressée avec soin ; il cherche à démontrer, en s'appuyant de ce travail, que la géognosie doit servir de base à la géographie.

M. Hochstetter de Simmozheim, lit un mémoire sur la dispersion de quelques animaux mentionnés dans la Bible.

M. G. Fairholm cherche à fixer la chronologie de l'histoire des Hébreux, en s'étayant sur la géologie des pays qu'ils habitaient.

M. le professeur Hoffmann donne le moyen d'apprécier l'étendue au moyen d'un papier transparent.

M. le professeur Zeune, de Berlin, communique ses observations sur le sol des mers. Le même savant cherche à établir nettement ce qu'on doit entendre par frontières naturelles ; il occupe aussi l'assemblée de la méthode de Green pour l'enseignement de la géographie.

M. le professeur Hoffmann, de Stuttgart, soumet à la section divers calculs de planimétrie.

COMMUNICATIONS. Dessins de divers objets relatifs à l'ethnographie et aux antiquités des pays visités par le duc Paul de Wurtemberg. — Objectif composé de *Spiegelglas* et de créosote, appliqué aux instrumens amplifians (D.ʳ G. Marx, de Brunswick). — Montre astronomique (M. Kronberger). — Projet de fonder pour le Wurtemberg un recueil périodique analogue à l'Annuaire du bureau des longitudes de Paris (M. Cotta, libraire, de Stuttgart). — Plans des travaux qui doivent être entrepris à Saint-Pétersbourg pour s'opposer aux inondations de la Newa.

DEUXIÈME SECTION (69 membres) : *Sciences physiques et chimiques.*

Président : M. le professeur GMELIN, de Tubingue.

M. Hopf, de Stuttgart, lit un mémoire sur la formation des aérolithes et des météores ignés.

M. Eckart, de Darmstadt, soumet à la section des observations pratiques sur les opérations géodésiques le plus communément suivies en Europe.

M. le professeur Schwerd développe sa théorie des phénomènes de diffraction.

M. le D.ʳ Vollmer, de Stuttgart, lit une note sur la valeur relative des diverses sortes d'acier, considérées relativement à leur puissance magnétique.

M. le professeur Bonsdorf fait connaître le résultat de ses expériences relatives à l'influence de l'air et de l'eau dans le mode d'oxidation des métaux. Le même savant émet quelques idées nouvelles sur la nature et les causes de la rosée; il occupe ensuite la section, de phénomènes curieux observés par lui, lorsque certains liquides chimiques réagissent les uns sur les autres en vertu de leurs affinités réciproques.

Le même géologue lit un mémoire sur la température des sources d'eaux douces, et indique le parti qu'on peut en tirer pour trouver la température moyenne.

M. le D.ʳ Eisenlohr examine quelles sont les variations barométriques pendant les phases lunaires.

M. Martius, d'Erlangen, lit un mémoire sur la caryophylline (matière cristalline retirée du gérofle).

MM. Dobereiner et L. Gmelin développent leurs moyens opératoires pour séparer l'oxide de manganèse de l'oxide de cobalt. Le premier de ces deux chimistes entretient la section du changement de l'alcool en acide acétique pur.

Le professeur Sigwart, de Tubingue, communique des observations ayant pour but le mode de réaction de l'acide carbonique sur la chaux.

Le professeur Zenneck, de Stuttgart, explique comment il a construit un excellent gazomètre, en employant très-peu de mercure.

Le Dr Kastner, d'Erlangen, fait connaître un procédé sûr, prompt et facile, pour mesurer l'intensité de force des aimans.

Le Dr Reichenbach, de Blansko, prouve la présence de la cholestérine dans l'huile empyreumatique; la distillation sèche des corps organisés lui fait découvrir un produit nouveau, qu'il montre à la section.

M. le Dr Vollmer, de Stuttgart, fait connaître le résultat de ses recherches sur la composition chimique de l'eau d'amandes amères.

Communications. Carte topographique des sources minérales du Wurtemberg (le professeur Sigwart, de Tubingue). — Nouveaux verres d'optique (M. Daguet, de Soleure). — Cristaux remarquables d'acide tartrique (M. Martius, d'Erlangen). — Procédé pour perforer et tailler le verre au moyen de l'essence de térébenthine, seule ou unie au camphre (M. Albrecht, de Calw). — Nouvelle balance pour trouver facilement la pesanteur spécifique de petites quantités de liquides (le même). — Théodolite, instrument pouvant remplacer le micromètre (le professeur Schwerd). — Résumé des observations météorologiques faites en 1833 dans le Wurtemberg (le professeur Plieninger). — Éoline, nouvel instrument acoustique (M. Marx, de Brunswick). — Acide retiré de la valériane, et sel résultant de la combinaison de cet acide avec la magnésie (M. Trautwein, de Nuremberg). — Matière analogue au camphre, retirée du *Ledum palustre* L. (M. Merk, de Darmstadt). — Résine blanche retirée du jalap; guaranine retirée des fruits du *Paullinia sorbilis*, Martius (M. Martius, d'Erlangen). — Sonomètre (le professeur Scheibler, de Créfeld). — Multiplicateur perfectionné (le Dr Neeff, de Francfort).

Troisième Section (82 membres) : *Minéralogie et Géognosie.*

Président : M. Weiss, professeur de minéralogie à Berlin.

M. de Sternberg lit un mémoire sur les plantes fossiles trouvées dans les mines de houille de Bohème.

M. de Meyer présente diverses remarques sur les ossemens fossiles des *Bos priscus* et *B. trochoceros.*

M. le professeur Reich lit un mémoire sur les fossiles de Greuth en Bavière; ils consistent uniquement en coquilles appartenant à divers genres.

M. le professeur Jæger, de Stuttgart, lit un travail sur les ossemens et les plantes fossiles du keuper du Wurtemberg.

M. Omalius d'Halloy compare le gisement des terrains vosgiens avec celui du Schwartzwald.

M. le D.ʳ Merian donne la description des phénomènes qui ont accompagné un tremblement de terre ressenti dans la ville de Bade.

M. Fairholme, d'Édimbourg, lit un mémoire sur la formation des vallées, et sur l'influence de l'eau dans les changemens qui s'opèrent à la surface de la terre.

COMMUNICATIONS. Carte géognostique de l'Etna (le D.ʳ Gemellaro, de Catane). — Coupe géologique des Alpes de Souabe, avec les couches de lignite en entonnoir, telles qu'on en rencontre dans le Jura (M. le comte de Mandelslohe). — Exemple de couches d'argile alternant avec le granit dans les environs de Pilsen (M. le professeur Weiss). — Os fossiles trouvés dans le keuper (M. Engelhart). — Os fossiles trouvés sur les pics de Sentis et d'Œhrli (le professeur Walchner). — Os fossiles provenant du calcaire jurassique des environs d'Ulm (M. Bühler). — Os fossiles (dents) de *diploterium*, de rhinocéros, de mastodonte (le D.ʳ Kaupp). — Dents de *Palæotherium aurelianense*, de *dinotherium* et d'un grand saurien, trouvées dans le lignite en Bavière (M. Kurr). — Carapace de tortue fossile, trouvée dans le calcaire du Jura près de Baden en Suisse (M. d'Olfers). — Crinoïdes du calcaire de transition (le professeur Goldfuss, de Bonn). — Ozocérite trouvée dans la Moldavie (le professeur Glocker). — Ouvrage sur les poissons fossiles, offert par M. Agassiz. — Bélemnites trouvées dans le lias (D.ʳ Hartmann). — Tête d'*Ichtyosaurus communis*, longue de 4 pieds, sur laquelle on compte 84 dents (le même). — Fragmens d'*Ammonites Bucklandii* trouvés dans le lias des environs de Stuttgart (le D.ʳ Kurr). — Tortues aquatiques trouvées dans les tourbières de Dürrheim, avec des os de cerf, de renne, d'oiseau, mêlés de quelques produits des arts. — Nouveau minéral des Vosges, trouvé par M. Beireich, de Berlin. — Plantes, fossiles (fougères fructifiées) (M. le professeur Gœpper, de la Silésie). — Espèces de *Foltzia* avec leurs fruits, trouvées dans le keuper de Cobourg et dans celui des montagnes d'Esslingen (M. le D.ʳ Berger et M. Seyffer). — Analyse de la triphylline de Rabenstein, dont la base est le fer et qui renferme du phosphate de lithium.

— Fibrolite trouvée dans la serpentine de Reichenstein en Silésie (professeur Glocker). — Roches de Wettéravie de la formation du trapp (M. le professeur Klippstein). — Ouvrage de M. le D.ʳ Reich, de Fribourg, sur la température des roches à diverses profondeurs du globe. — Ouvrage de M. le D.ʳ Berger sur les plantes fossiles du keuper des environs de Cobourg. — Carte géognostique de la Transylvanie (M. Noggerath). — Relief géognostique coloré, du royaume de Wurtemberg. — Dolomie cristallisée, trouvée dans les marnes irisées des environs de Tubingue (M. le professeur Autenrieth). — Graines de plantes trouvées dans les mines de la Floride, qui ont germé et donné des végétaux inconnus dans le pays (M. Höninghaus). — *Lethæa geognostica*, ouvrage offert par M. Weiss. — Pétrifications trouvées dans le calcaire conchylien (le professeur Otto, de Breslau). — Nouvelle espèce de nickel arsénical de Meissen (M. Weiss). — Amianthe filée venant du Piémont (M. Noggerath). — Carte de la formation calcaire du Jura en France (le professeur Thurmann). — Basalte de Bohème, avec traces de substances organiques végétales (D.ʳ Neebel). — Pierre météorique, riche en fer, tombée dans les environs de Blansko le 25 Novembre 1833 (M. Reichenbach). — Phonolithe découverte dans les environs de Hohenkrahen (le professeur Spleiss, de Schaffhouse). — Fruits de la grosseur d'une noix dans le fer limoneux de la Silésie (le professeur Glocker). — Carte géognostique des environs de Stuttgart, coloriée d'après les principes de M. Léopold de Buch (M. Hehl). — Roches volcaniques du Högau, du Ries et du versant septentrional des Alpes souabes (M. Kurr). — Fossiles du grès bigarré (M. Alberti).

Quatrième Section (44 membres) : *Botanique.*

Président : M. de Sternberg.

Le comte de Sternberg annonce que des grains de blé, trouvés dans des cercueils de momies, ayant été mis en terre, ont germé et produit des épis dont les grains ont été reconnus appartenir au *Triticum hybernum*, L. (Var. blé de Talavera.)

M. Kurr fait connaître que les graines des graminées germent quand on les met en terre avant maturité. Les Brésiliens pensent que les graines semées mûres donnent ensuite des fruits moins savoureux.

M. Fée met sous les yeux de la section 12 à 1500 dessins analytiques et microscopiques de lichens ; il cherche à prouver que l'étude des organes de fructification, qu'il nomme des *thèques*, peut seule donner des bases solides de classification. Il discute les systèmes proposés, passe en revue les genres et les espèces, et met en évidence l'extrême confusion qui règne parmi les auteurs.

M. Braun, de Carlsruhe, lit un mémoire sur le genre *chara*. Les espèces qui le composent ont été successivement regardées comme des algues et comme des phanérogames; ce sont pour lui des plantes cryptogames.

M. Reum cherche à démontrer qu'il existe pour les plantes une influence minérale (*Erdwirkung*). Les racines de certains arbres, dit-il, se trouvent bien des briques, des pierres et des terres qui contiennent des oxides de fer; dans certains cas retrancher ces minéraux, c'est nuire aux arbres; en ajouter quand ils sont languissans, c'est favoriser leur développement.

Ce même savant dit avoir étudié l'effet de l'iode sur les végétaux.

M. le D.ʳ Duvernoy, de Stuttgart, annonce, qu'ayant semé des graines d'orchis, il a constamment obtenu des fougères.

M. Nées d'Ésenbeck fait connaître une observation toute pareille.

M. Gærtner signale divers faits observés par lui dans la fécondation des hybrides, notamment dans les *dianthus*.

M. de Martius lit une note sur la fructification des fougères, étudiées surtout dans le genre *azolla*, fougère des tropiques ayant le port de nos *lemna*.

M. Gœpper a cherché à déterminer les fougères fossiles, en comparant les empreintes anté-diluviennes avec des empreintes prises par lui sur le gypse; ses résultats ont été avantageux, M. de Sternberg les fait connaître à la section.

M. Braun soumet diverses observations, auxquelles l'a conduit l'étude des organes du *Trapa natans*, L.; châtaigne d'eau.

M. Fée donne le résultat de ses travaux sur le genre *erineum*; il montre les *specimen* qui ont servi à établir sa monographie: il a prouvé par l'examen direct que ces productions ne sont pas des plantes, mais des gallinsectes.

M. Frœlich lit une monographie du genre *hieracium*, à laquelle il a consacré près de trente années.

M. Schimper, de Munich, développe ses idées sur le mode de distribution des feuilles sur la tige des végétaux.

M. Jæger fait connaître que l'on a trouvé dans les papiers de Gœthe une observation curieuse sur la marche de la sève dans les fraisiers; cet homme illustre avait réuni plusieurs monstruosités végétales pour l'aider à confirmer les théories botaniques dont il était auteur.

COMMUNICATIONS. Coordination des familles naturelles (le professeur Wilbrand). — Ce qu'on doit entendre par espèce (M. Hochstetter). — La pathologie végétale peut servir à la distinction des espèces. — *Oscillatoria Cortii*, Poll., trouvée dans les eaux thermales de Bade en Argovie : cette plante est sans doute la substance connue des chimistes français sous les noms de barégine, de plombiérine (M. Martens). — Flore du Wurtemberg (MM. Schübler et de Martens). — Fragment d'un tronc d'arbre pétrifié, appartenant évidemment aux dicotylédons (M. de Sternberg). — Sur deux céréales d'Abyssinie, le Teff et le Tokasse (le Dr Frésénius). — Sur la nécessité de rectifier la nomenclature des jardins botaniques (M. Martius). — Usage médicinal de l'écorce du *Pinus maritima* et du *Sphœrococcus acicularis* (le Dr Nardo). — Sur l'*Euphorbia phosphorea* du Brésil, dont le suc propre laiteux est phosphorescent au moment de sa sortie de la plante (M. Martius). — Nouvelles orchidées du Brésil (le professeur Mikan). — Monstruosité offerte par l'*Aristolochia Sipho* (le professeur Braun). — Monographies manuscrites avec dessins, des genres *porina*, *pertusaria*, *glyphis*, *sarcographa*, *paulia*, *pyrenodium*, *parmentaria* et *gassicurtia* (le professeur Fée).

CINQUIÈME SECTION (43 membres) : *Zoologie*, *Anatomie et Physiologie*.

Président : M. le professeur TIEDEMANN, de Heidelberg.

M. le professeur Tiedemann fait connaître le résultat de ses recherches sur l'anatomie des Hottentots. Il s'est occupé surtout des organes sexuels et du cerveau, qui ressemble beaucoup à celui de l'orang-outang. Ce même physiologiste entretient la section de l'état du cerveau chez les idiots.

M. le Dr Breschet communique à la section le résultat de ses beaux travaux sur la structure de la peau et sur le placenta des singes du Sénégal.

M. le professeur Otto montre à la section une série de dessins, destinés à faire partie d'un ouvrage d'anatomie pathologique qu'il va publier.

M. le professeur Lauth entretient l'assemblée de ses travaux sur la structure microscopique des tissus simples.

M. Strauss-Dürkheim lit un mémoire sur l'anatomie du *Mygale avicularis* et du *Scorpio afer*. Il fait en outre connaître diverses particularités relatives à la myologie des chats.

M. le professeur Arnold, de Heidelberg, montre des préparations et des dessins destinés à compléter l'anatomie de la tête des serpens.

M. le professeur Duvernoy, de Strasbourg, lit un mémoire sur le genre *sorex*, et sur plusieurs mammifères et reptiles nouveaux ou peu connus, venant d'Alger et d'Oran; il montre à la section le fœtus dont une femme est accouchée en même temps que d'un enfant bien conformé.

M. le D.ʳ Heer, de Zurich, essaie de démontrer que la vivacité de couleur des insectes est en raison inverse de la hauteur des lieux où ils vivent.

M. Tilésius déclare que les botryles, les pyrosomes et une partie des ascidies sont des animaux imparfaits, des sortes d'ovaires respirant au moyen d'organes qu'ils possèdent en commun.

M. le professeur Ritgen, de Giessen, communique ses observations sur la manière dont l'œuf humain est attaché à l'utérus.

COMMUNICATIONS. Nouvelle espèce de scorpion trouvée dans le charbon fossile (M. de Sternberg). — Espèce de *viverra*, montrant sur le dos de la verge une fente très-développée (M. Otto). — Dessins de poissons nouveaux (M. Rapp). — Lombric du Brésil, long de 8 à 9 pieds (M. Leuckart, de Fribourg). — Œufs de *Boa Anaconda*, Daud., pondus et éclos dans la ménagerie de M. Van Dinter. — Insectes vivant parasites dans l'abdomen des guêpes et des andrènes (M. de Heyden). — Xénos trouvé dans le corps du *Vespa vulgaris* (M. de Roser). — Grenouilles avalées à l'état de larves, ayant vécu et s'étant multipliées dans le corps humain (M. Bécourt). — Poche ombilicale découverte dans le cochon mâle (M. Hering); concrétions trouvées dans cette poche par M. Otto. — Dessins d'animaux marins et détails sur leur manière de vivre (M. Olfers, de Zurich). — Catalogue des insectes diptères qui se trouvent dans le royaume de Wurtemberg (M. Roser).

—Os non décrit, trouvé dans l'oreille externe du cochon de mer
(M. Leuckart). — Acarus de la gale trouvé sur le cheval, le mouton,
le chamois et le chat (M. Hering). — Crânes trouvés dans d'anciens
tombeaux à Cannstadt (D.ʳ Veiel). — Empreintes diverses de mammifères fossiles, dont plusieurs sont nouveaux (M. le D.ʳ Kaup, de
Darmstadt). — Dessins de mammifères et d'oiseaux américains (le
prince Paul-Guillaume de Wurtemberg). — Recherches anatomiques
sur le poumon des phthisiques (M. Lobstein). — Études phrénolo-
giques sur le moule en plâtre du crâne de Napoléon.

Divers ouvrages d'une date plus ou moins récente, mais connus.

SIXIÈME SECTION (276 membres[1]) : *Sciences médicales.*

Président : M. le conseiller LUDWIG.

M. le D.ʳ Riecke, de Stuttgart, présente un mémoire sur la
rétention du placenta.

M. Hennemann entretient la section de la formation des calculs vésicaux.

M. Autenrieth communique le résultat de ses recherches sur
les causes du crétinisme.

M. Dreifuss communique quelques cas rares de pathologie, et
notamment la découverte d'un fœtus renfermé dans un autre fœtus.

COMMUNICATIONS. *Delirium tremens,* traité par la digitale et guéri
(M. le D.ʳ Cleiss). — Nouvelle maladie d'yeux, *strabismus alternans*
(M. Hennemann). — Observations sur la cyanose (M. Heyfelder).
— Vœu émis par M. Harless pour la publication d'une pharmacopée
nationale. — Enfant avec un *coloboma iridis* aux deux yeux. — Dégénérescence extraordinaire de l'ongle d'un pied (M. Gebhard). —
Exostose remarquable de l'os frontal (D.ʳ Blumhardt). — Corps en-
trés dans le larynx, et qui ont été expulsés après y avoir séjourné
plusieurs années (D.ʳ Heyfelder). — Nouveau lit à extension (D.ʳ
Kœnig). — Espèce de conformation vicieuse du bassin (M. Nægele).
— Observations sur l'emploi médical de la berberine, principe amer
des racines du *Berberis vulgaris* (M. Buchner). — Emploi de l'extrait
résineux de l'*Artemisia vulgaris* (M. Kœlreuter). — Calcul vésical,
remarquable par sa forme et par sa grosseur (M. le professeur Eh-
mann, de Strasbourg). — Moyen de s'opposer au déchirement du

—————

1 La plupart des médecins du grand-duché de Bade et du Wurtemberg
s'y trouvaient. Les communications ont été nombreuses : nous donnons seulement les principales.

périnée dans l'accouchement (D.ʳ Rittgen). — Vessie sortant par l'ombilic (D.ʳ Froriep). — Effets de la constitution géologique sur la santé de l'homme (M. Koch, de Neuffen). — Histoire d'une ophthalmie remarquable (D.ʳ Camerer). — Dégénérescence de la glande pituitaire (M. le D.ʳ Beck, de Fribourg). — Traitement des hémorrhagies utérines (D.ʳ Mappes). — Traitement du varicocèle (M. Beck). — Monstruosité extraordinaire des mains (M. Hahn). — Nouveau forceps (D.ʳ Martin). — Séparation artificielle d'os fracturés mal réunis (D.ʳ Osterlen). — *Liber fundamentorum pharmacologiæ, auctore Abu Mansur Mowahik ben alherai,* traduit en latin par Seligmann. — Guérison d'une dartre vive par le tatouage (D.ʳ Pauli). — Traitement de la siphylis sans mercure (D.ʳ Rittgen).

Septième Section (50 membres) : *Économie rurale.*

Président : M. de Seyffert.

Communications. Collection des fruits et raisins du Wurtemberg. — Manière de combiner la culture des forêts et celle des champs (le professeur Gwinner). — Variétés de froment peu connues (M. de Phielau). — Iconographie des animaux domestiques nourris dans les domaines du roi de Wurtemberg (M. Weckherlin). — La vigne et ses fruits, manuscrit de M. Gock de Stuttgart. — Fruits rares. — Sur la charrue Grangé (le professeur Riecke). — Larves qui vivent de blé et manière de les détruire (M. Gock). — Conservation du blé dans les silos, modifications proposées par M. de Bujanovics. — Causes qui font verser le blé (M. Hammerschmied). — Culture de la vigne en Amérique (le prince Paul-Guillaume de Wurtemberg). — Traitement de la gale des moutons (M. Hering). — Modifications apportées à la coupe des hêtres. — Construction d'une machine à couper les fruits; nouveau four pour les sécher (M. Hürlin).

Sections réunies[1] (544 membres).

Président : M. de Kielmeyer.

M. de Kielmeyer : Mémoire sur la direction des racines et des tiges des plantes.

M. le D.ʳ Gemellaro, de Catane : Mémoire, en langue latine, sur les éruptions de l'Etna et sur la géologie de cette montagne célèbre.

---

1 Il y eut trois séances générales ; mais on s'y est occupé surtout de choses d'un intérêt général.

M. Wiebcking, de Munich : Quelques réflexions sur le lit des fleuves.

M. le colonel Sobolewski : Mémoire sur les mines de platine et la manière de les exploiter.

M. le professeur Marx : Nouvelles études sur le magnétisme terrestre.

M. Glocker : Observations physiques et géognostiques, à l'occasion du forage d'un puits artésien.

M. le professeur Fée dépose, pour être mis à la disposition de la commission du Pline [1], 3 volumes de ses Commentaires sur la matière médicale et la botanique du naturaliste romain. Il dépose également une Flore de Théocrite, dont il est auteur.

M. le professeur Zeune : Examen approfondi de la carte géographique du Wurtemberg, de Schwartz.

M. le D.ʳ Köhler : Discours pour montrer les inconvéniens de l'abus des boissons spiritueuses.

M. le D.ʳ Lindner : Mémoire sur l'organisme, considéré dans les trois règnes de la nature.

M. Wilbrand : Sur la manière d'extraire le sucre de la sève de l'érable; sujet sur lequel parle aussi le professeur Mikan.

M. Beltrami : Observations thermométriques sur la chaleur qui régna en Italie dans l'année 1833.

1 Voyez page 32.

Tableau statistique des membres composant la douzième réunion des Naturalistes à Stuttgart.

Amérique du Nord	1	Holstein	1
Amérique du Sud	1	Hongrie	2
Angleterre	8	Irlande	1
Autriche	10	Mecklembourg-Schwerin	2
Bade	47	Naples	1
Bavière	39	Nassau	4
Belgique	2	Pologne	1
Bohème	4	Prusse	29
Brunswick	1	Russie	7
Danemarck	1	Saxe	7
Écosse	1	Saxe-Altenbourg	2
France	30	Saxe-Gotha	1
Francfort	11	Saxe-Weimar	2
Hambourg	3	Suisse	25
Hanovre	3	Waldeck	1
Hesse-Cassel	4	Wurtemberg	271
Hesse-Darmstadt	16		
Hohenzollern-Hechingen	3	TOTAL	544
Hohenzollern-Sigmaringen	2		

Récapitulation.

Wurtemberg	271	
(Stuttgart 86)		
Membres allemands	192	544.
Membres étrangers européens	79	
Américains	2